U0075768

The Origin of Everything |第一輯|

漫畫萬物由來

讀漫畫・知常識・曉文化・做美食

郭翔——著

鹽

關於作者
郭翔

童書策劃人，上海讀趣文化創始人。

策劃青春文學、兒童幻想文學、少兒科普等圖書，擁有十多年策劃經驗。

2015 年成功推出的原創少兒推理冒險小說《查理日記》系列，成爲兒童文學的暢銷圖書系列。

鹽寶成長相冊

嗨！我叫鹽寶，一粒快樂的鹽粒。我是極細小的顆粒，味道鹹鹹的，烹飪美食可少不了我。一起來看看我的經歷吧！

我的兄弟團

我在死海玩漂浮

我喜歡在海邊衝浪

我和小夥伴在鹽礦裡探險

我去鹽廠參觀

我是大廚的好幫手

目錄

鹽是百味之王

人類很早就發現鹽能防腐，用鹽醃製過的食物能保存很長時間。所以，鹽所具有的鹹味被認為代表著安全。千百年來，鹽在烹飪中一直發揮著畫龍點睛的妙用，民間更有“好廚子一把鹽”的俗語，這全是因為鹽能調和百味，我們稱它為“百味之王”。

食物裡的鹽分含量

我是人類的好朋友，人們吃的每一餐飯都需要我來調味。人體每天都要吸收一定的鹽，除了做飯燒菜時放鹽，很多食物本身也含有天然的鹽分，還有一些食物在生產過程中添加了鹽分。

含有天然鹽分的食物

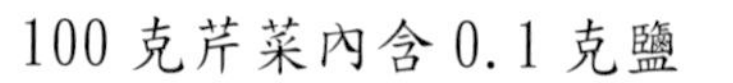

100 克芹菜內含 0.1 克鹽　100 克蝦皮內含 12.8 克鹽　100 克牛排內含 0.05 克鹽

鹽寶民俗課 廚神與鹽的故事

中國民間傳說裡有好幾位廚神，其中有一位詹王，相傳他是隋文帝楊堅的御廚。有一天，隋文帝面對滿桌的美味佳餚覺得索然無味，便召御廚詹王前來，問：“到底什麼才是天底下最好吃的東西？”詹王肯定地回答是鹽。隋文帝大怒，認為詹王是在戲弄他，這鹽又鹹又苦怎麼會是天底下最好吃的東西呢？於是下令將詹王殺了。行刑前，詹王說：“請您在我死後三天之內，吃任何食物都不要放鹽，以驗證我說的話是否正確？”隋文帝真的這麼做了，不放鹽的飯菜果然淡而無味。他這才知道錯殺了御廚，於是追封已故的詹王為廚神。從此，鹽就被稱為“百味之王”了。

常見食物中的含鹽量舉例

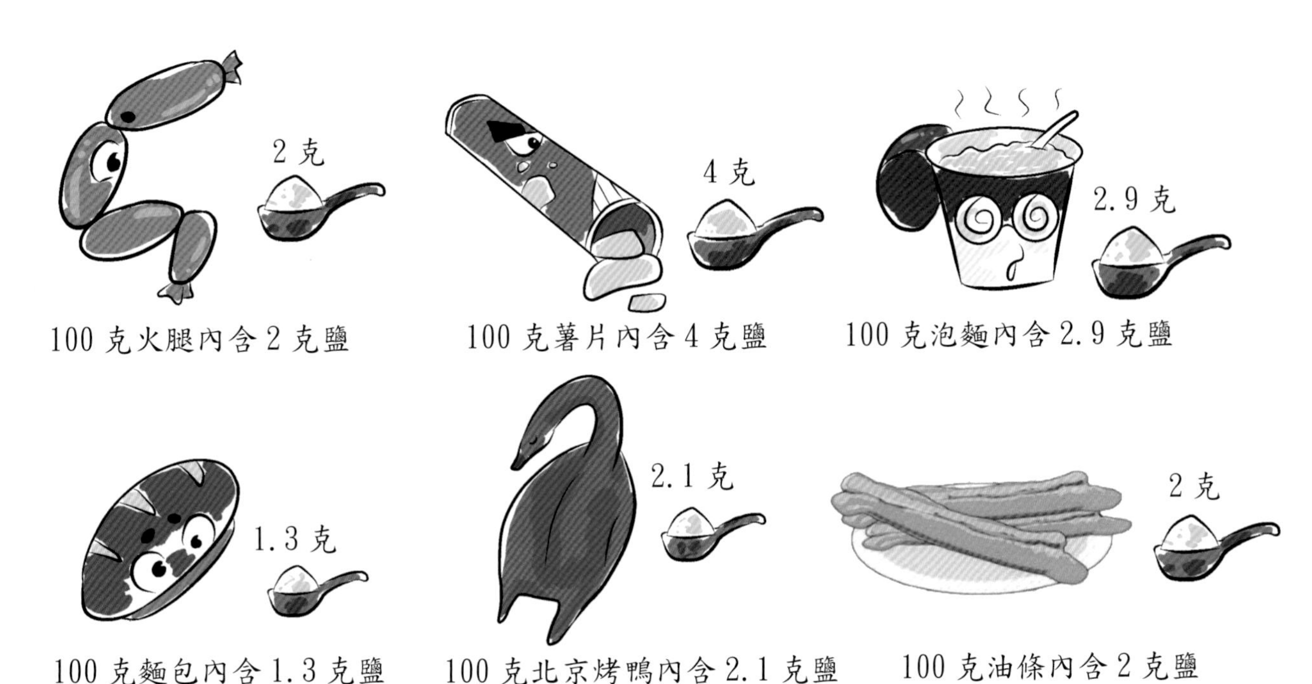

100 克火腿內含 2 克鹽　100 克薯片內含 4 克鹽　100 克泡麵內含 2.9 克鹽

100 克麵包內含 1.3 克鹽　100 克北京烤鴨內含 2.1 克鹽　100 克油條內含 2 克鹽

請你猜一猜，下面哪些食物中含有鹽分？

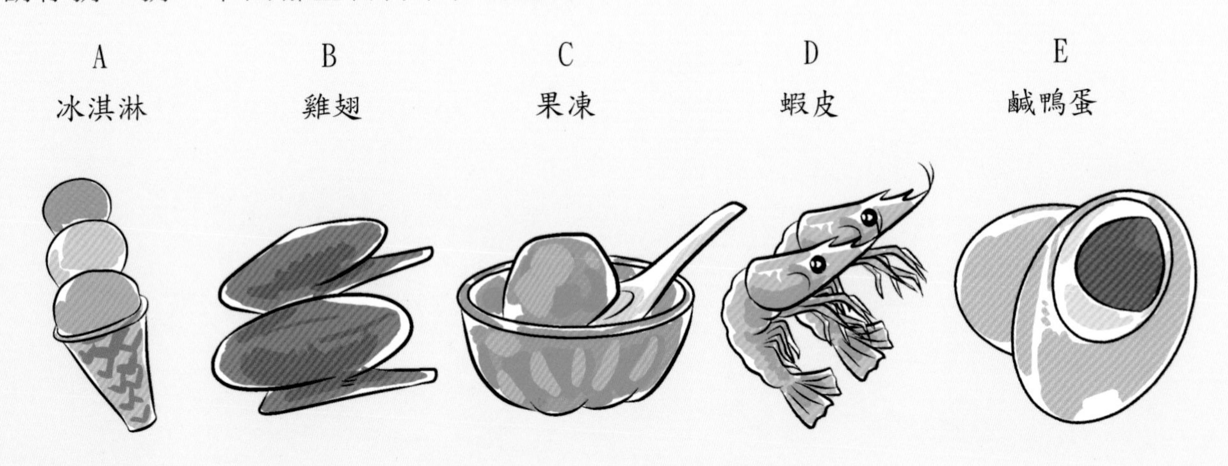

為什麼有些甜味食物裡也要加鹽？

在一些甜味食物裡加鹽，可以讓它變得更甜。這是因為鹹和甜在味覺上有明顯差異，當食物以甜味為主時，添加少量的鹹味可以增加這種味覺上的差異感，從而使你覺得甜味更甜了。比如用鹽水泡過的鳳梨就更甜。而製作冰淇淋時加入鹽，既能保證冰淇淋有更漂亮的外形，也能讓它在低於攝氏 0 度的條件下有柔軟的口感。

答案：全都含有鹽分。

鹽從哪裡來

鹽從海裡來

我生活在地球村，家庭成員來自五湖四海，有海鹽、湖鹽、井鹽、土鹽、岩鹽、水晶鹽等，我要一一介紹給你們認識。

鹽在地球上普遍存在，海水裡有鹽，湖水裡有鹽，地下水中有鹽，樹木中有鹽，礦石中也有鹽……可以說，我們的地球就是一個充滿鹽的星球。

你一定知道海水是鹹的，那是因為海水裡含有大量的鹽。有人曾經推算，如果把地球上所有海水裡的鹽全部曬乾，鋪在陸地上，地面的厚度要增加 153 米；而如果只放在中國，地面就要加厚 2400 米左右。

鹽寶自然課 海水中為什麼會有鹽呢？

科學家認為，海水並不是一開始就含有高鹽分的。是由於地球上的水在不斷循環，水在流動的過程中，經過各種土壤和岩層，將這些物質中含有的鹽分一點點帶入江河之中，最後百川入海。而在海水的蒸發過程中，這些鹽分卻又不能隨水蒸氣升空，只能滯留在海洋裡。如此周而復始，日積月累，已經持續了上億年。所以，現在海裡才有這麼多的鹽喔。

有趣的是，人們發現並不是所有的海水都是一樣鹹的。大西洋和位於它東北部邊緣的北海平均每 1000 克海水中含 35 克鹽，差不多三湯匙。然而在 1000 克的東海海水中卻只有約一湯匙鹽。

鹽從湖裡來

陸地上有很多湖泊，它們都含有鹽分，含鹽量很低的湖稱為淡水湖，含鹽量較高的湖稱為鹹水湖，而含鹽量大於海水平均含鹽量的湖則被稱為鹽湖。鹽湖中沈積著大約200種鹽類礦物，人們從中直接開採出鹽，或者用鹽湖水在鹽田中曬製成鹽，這種鹽就被稱為湖鹽，又稱池鹽。

美若“天空之境”的中國四大鹽湖

掃一掃，觀看有趣的影片。

青海茶卡鹽湖

隱匿在祁連山和崑崙山之間的茶卡鹽湖被稱為中國的“天空之鏡”。那裡景色優美，如詩如畫。漫步湖邊，可以觀看雲朵和山川倒映在湖中的美景，可以透過清澈的湖水，觀賞形狀各異、栩栩如生的朵朵鹽花，猶如置身於鹽的世界。

青海的察爾汗鹽湖是中國最大的鹽湖，據說湖裡的鹽可供全世界60億人口食用1000年呢！令人難以置信的是，鹽湖上，青藏公路和青藏鐵路穿行而過，路基全是用鹽鋪成的。

鹽蓋（類似鍋蓋的鹽塊）

青海察爾汗鹽湖

運城鹽湖裡雖然難以生長綠色植物，卻孕育了晶瑩如玉、變化萬千的神奇鹽花。它們是鹽湖中的鹽結晶時形成的結晶體。

湖鹽的家美得像仙境一般！

山西運城鹽湖的鹽花

鹽寶科學課 不死的“死海”

在以色列和約旦交界處，有一個內陸鹽湖叫死海。為什麼被稱為“死海”呢？因為死海中的海水鹽濃度太大，不僅水中沒有任何魚類和水生生物，就連岸邊也寸草不生。為什麼又說“死海不死”呢？傳說古代有個奴隸主要把奴隸處死，命令人把奴隸扔進死海，誰知奴隸不但沒有被淹死，反而活生生地浮在了水面上。奴隸主嚇壞了，以為觸怒了神靈，從此再也不敢隨便處死奴隸了。 其實，奴隸之所以沒死，正是因為死海的海水含鹽量極高，水面浮力大，人在死海中根本不會下沉，自然也就淹不死了。

新疆巴里坤鹽湖

巴里坤鹽湖由四周泉水匯流而成，它的湖面略呈橢圓形，四周山巒起伏。由於天旱少雨，湖裡鹽類的含量比較高，湖的周邊往往泛著白色的鹽磧。

鹽從地下來

鹽還可以在地下找到。一些原始海洋乾涸後，留下幾米厚的鹽層。當暴風雨襲來，雨水帶著泥沙堆積在鹽層表面，經過幾百萬年的沈積，鹽便被深深地埋藏在幾千米的地下。

土鹽

在一些地區，受氣候或地理條件的影響，地下水水位上升，地下鹽層會因為地下水水位的上升而被抬高，逐漸積聚在地面上，形成一層厚厚的白霜一樣的鹽，這就是土鹽。

這種含鹽的土地又稱為鹽鹼地，通常很難種出莊稼來，甚至寸草不生。

土鹽在鹽家族中處於末位，它的味道又苦又澀，現在已經很少被人們食用了。

鹽鹼地

井鹽

井鹽來自地下鹽水。因為這種水比海水含鹽量還高，所以不需要太多燃料和時間就可以煮出鹽來。人們通過打井的方式抽取這種地下鹽水，製成的鹽就叫井鹽，生產井鹽的豎井就叫鹽井。

井鹽取自地下，基本沒有受到汙染，它顆粒細，不易受潮，所以很受人們的歡迎。

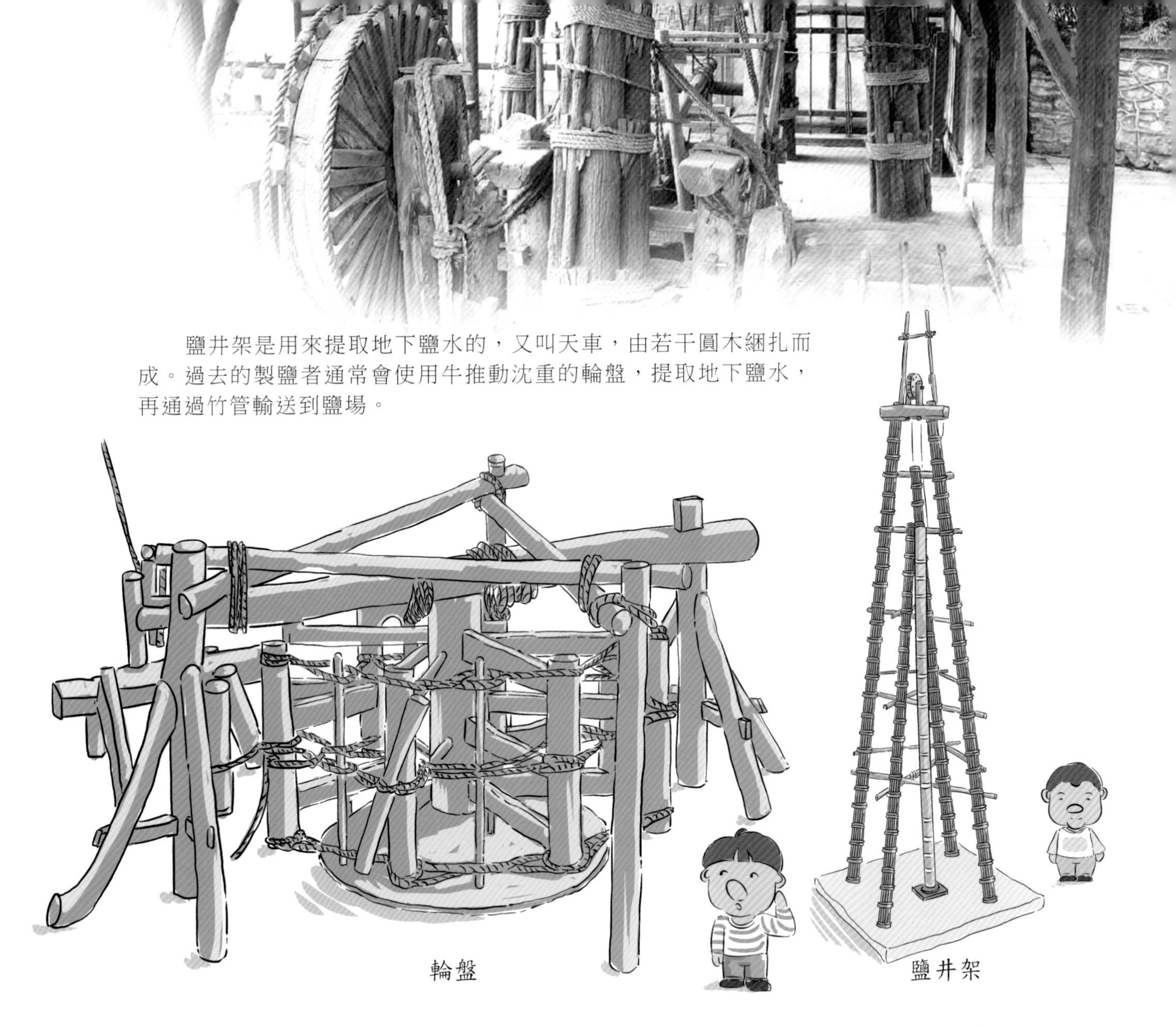

鹽井架是用來提取地下鹽水的，又叫天車，由若干圓木綑扎而成。過去的製鹽者通常會使用牛推動沈重的輪盤，提取地下鹽水，再通過竹管輸送到鹽場。

四川省自貢市是我國最大的井鹽產地，而桑海井是目前自貢市僅存的 18 座木質井架中，唯一一座還在產滷水、天然氣，並且延續古老製鹽工藝的井鹽工坊。

掃一掃，觀看有趣的影片。

鹽從草木中來

令人稱奇的是，在一些樹和草中也能找到鹽。這些植物會把從土壤中吸收到的過量的鹽分通過分泌鹽水的方式排出體外，這些分泌出來的鹽分會結晶成鹽，我們叫它“樹鹽”或“草鹽”。

你可能無法想像草木怎麼能產鹽呢？讓我來告訴你吧。

改善土壤的濱藜

濱藜能夠大量吸收土壤中的鹽分，所以聰明的阿根廷人就利用它的這一特點，在鹽鹼地上大面積種植濱藜，用來吸收鹽分、改善土壤。而它分泌出來的鹽就是“草鹽”。

濱藜

最強耐鹽植物“鹽角草”

這種草是世界上最強的耐鹽植物。它體內含有一種叫“鹽泡”的特殊細胞，可以幫助它吸收鹽分，使鹽分不至於危害它生長。所以，它能生長在海水、高濃度的鹽水沼澤或鹽土中。儘管它非常鹹，但它的鹹味可不像海水那樣苦澀，而是帶著一點兒甜。

鹽角草

會“出汗”的木鹽樹和瓣鱗花

看，那樹幹和葉片上一滴滴的，是樹熱得流汗了嗎？那可不是汗水，而是鹽水！木鹽樹和瓣鱗花把從土壤中吸收到的過量的鹽，分泌出體外，水分蒸發後，留下的就是一層白花花的鹽，可以直接食用喲。

木鹽樹

瓣鱗花

鹽從礦石中來

鹽的另一種重要來源就是地下的含鹽層礦石。幾億年前，當一些原始海洋乾涸後產生了結晶的海鹽，數億年間，經過地殼運動與地下高溫作用，地底的礦物質與海鹽結合形成了含鹽的化石——礦鹽。

最純淨的礦鹽

喜馬拉雅水晶鹽存在於地球上最美麗的地方——喜馬拉雅山，它像古代深海裡的鹽分一樣純淨，特別是粉紅色水晶鹽，被稱為“鹽中瑰寶”。

喜馬拉雅水晶鹽

世界上最大的鹽礦存儲地

中國的柴達木盆地蘊藏著豐富的天然結晶食鹽，儲量為900多億噸，估計可供全世界食用上萬年，是世界上最大的鹽礦存儲地。

鹽礦中的藝術宮殿
波蘭維利奇卡鹽礦一共開採了 9 層，不僅保存著世界上最多的鹽礦開採技術和工具，還建有博物館、餐廳、電影院、療養院等。而令人嘆為觀止的是，鹽礦中最壯觀的宗教場所── 聖金嘉公主教堂內，那眾多精美的浮雕和華麗的吊燈，竟然都是用鹽做的。

鹽是如何被發現的

兩萬年前跟隨動物的腳印找到鹽

儘管鹽在地球上幾乎無處不在，但要得到它，還需要尋找。為了找到鹽，人們曾費盡心思；找到以後，如何把它從藏身之地“請”出來，再次成了一個難題。當然，這難不倒聰明的中國人。

動物比人類需要的鹽更多，所以通常都是牠們先找到有鹽的地方。這樣的地方有時會被稱為“舔鹽地”，因為動物會去那裡舔食鹽。“舔鹽地”曾是古代的鹽湖，後來湖水乾涸了，留下一層白花花的鹽。當人們需要鹽時，只要跟隨動物的腳印找到“舔鹽地”，把鹽從地表刮下來即可。

5000多年前鹽湖邊挖出天然鹽塊

遠在 5000 多年前，在中國北方的運城鹽湖，陽光炙烤著大地，連湖水都被曬得幾乎乾涸了。這個夏季，已經很久沒有下雨了，人們在乾涸的湖邊尋找著水窪。突然，有一個人挖出了一塊像石頭一樣的東西，用舌頭舔一舔，又苦又鹹。這就是鹽湖裡的天然結晶鹽，人們從此開始嘗試著食用這種鹽塊。

5000年前夙沙氏用海水煮鹽

5000 年前的炎黃時代，在今天山東半島南岸膠州灣一帶，住著一個叫夙沙的人，他聰明能幹，力氣過人，還很會打獵。有一天，夙沙提著陶罐從海裡打來半罐水，生火準備煮魚，可魚還沒來得及放進去呢，突然一頭大野豬從眼前跑過，夙沙拔腿就追。等他扛著野豬回來，陶罐裡的水已經熬乾了。夙沙驚奇地發現罐底留下了一層白色的、細細的顆粒。他用手指蘸了一點兒嚐了嚐，又鹹又鮮。於是，夙沙用它就著烤熟的野豬肉吃起來，味道好極了。那白色的顆粒便是從海水中熬出來的鹽。於是，夙沙被後人尊稱為海水煮鹽的“鹽宗”。

3000年前人們用鹽田曬製湖鹽

3000 多年前的商代，人們逐漸摸索出一種開墾人工鹽田，曬製湖鹽的生產方法。他們在鹽湖邊開墾出一壟壟的人造池塘，鹽工們挑著一擔擔鹽水倒進池塘裡，讓它在陽光下自然蒸發、結晶，形成大片鹽田。儘管這是一個辛勞而緩慢的過程，但在當時的生產條件下，比起用木材和煤來煮鹽所耗費的材料和人力卻少了很多。

2000年前李冰開鑿了第一口鹽水井

早在2000年前，蜀郡（今天四川成都一帶）太守李冰發現了地下有鹽水泉。為了開採地下鹽泉水，李冰和他的兒子李二郎率領眾工匠付出了艱苦的努力。他們用鋤頭、錘子、鐵鑿等工具鑿出了碗口大的一股鹽泉，鹽泉水咕咚咕咚地冒出來，沒幾天就積了半井深的鹽水。接著，他們又在井口安裝轆轤，用竹筒將鹽水打上來，並在井旁架起一排排大鍋，熬製白花花的鹽巴。從此，四川開始有了自產的井鹽。

西元 1892 年四川自貢鑽出第一口岩鹽井

古代礦鹽的開採主要有兩種方式：一種是人們靠鐵錘開採，人工揹礦，後來使用炸藥爆破，將含鹽岩石採出，然後將岩石粉碎和溶解後提取鹽分；另一種是開鑿深井至含鹽岩層，注水溶解鹽分，形成滷水，然後汲取滷水。1892 年，四川省自貢市鑽出了第一口岩鹽井，自此揭開了中國開採深層岩鹽的歷史。

鹽的製作

古代的海水製鹽

古人使用鹽田法來用海水製鹽，這種方法已經使用了數千年，直到現在有些地方還在用。這種古老的辦法做出來的鹽含有鈣、鐵等多種礦物質。

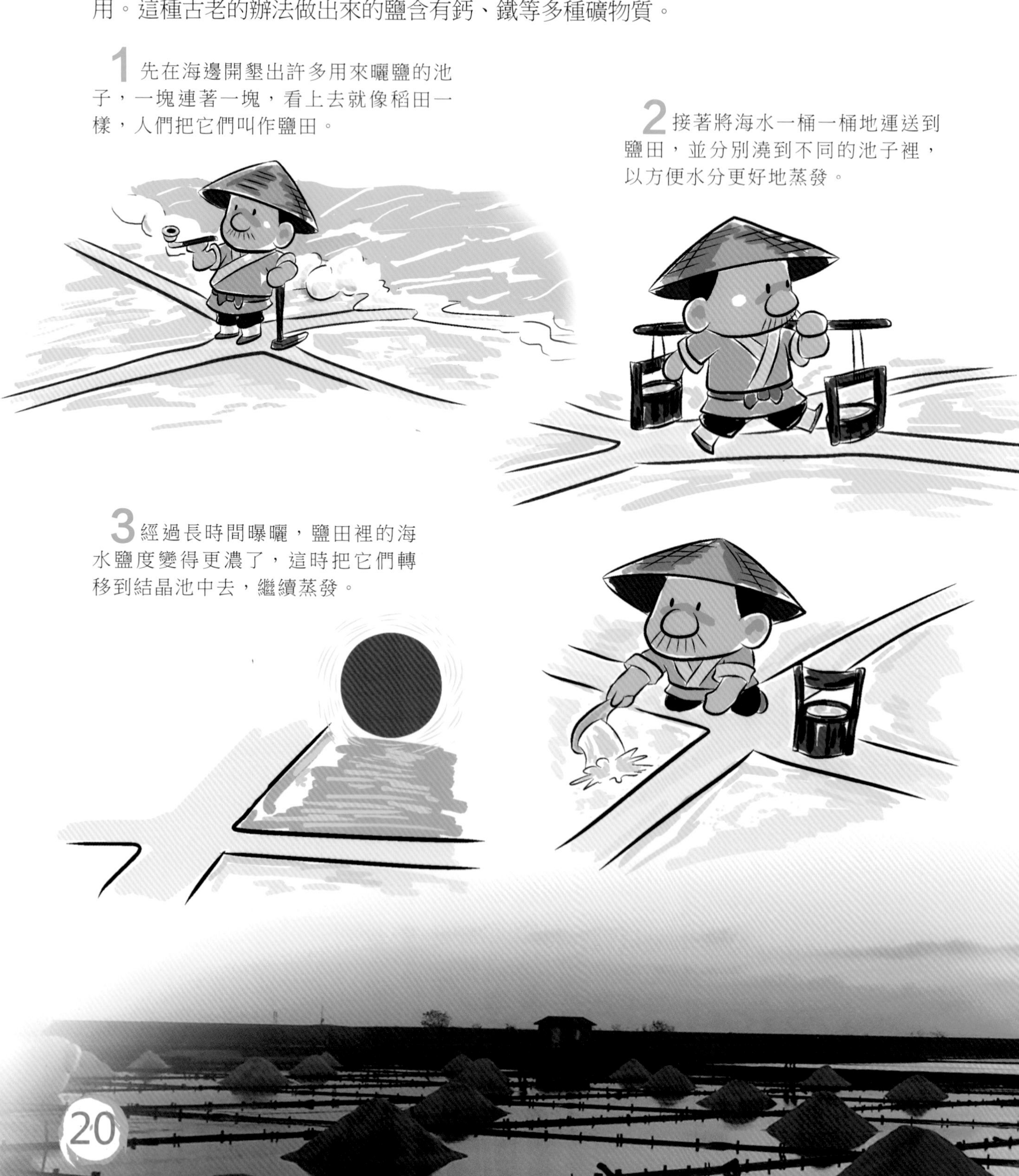

1 先在海邊開墾出許多用來曬鹽的池子，一塊連著一塊，看上去就像稻田一樣，人們把它們叫作鹽田。

2 接著將海水一桶一桶地運送到鹽田，並分別澆到不同的池子裡，以方便水分更好地蒸發。

3 經過長時間曝曬，鹽田裡的海水鹽度變得更濃了，這時把它們轉移到結晶池中去，繼續蒸發。

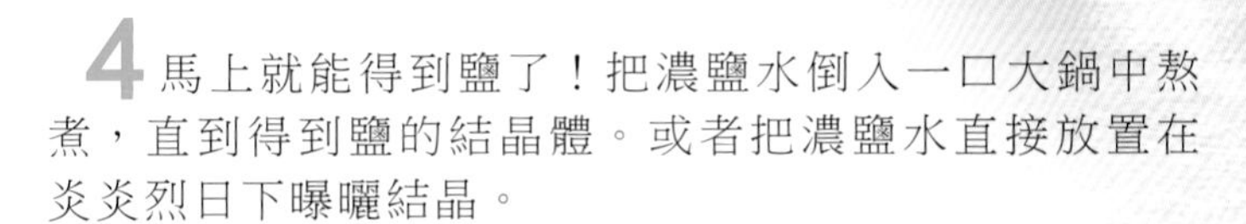

4 馬上就能得到鹽了！把濃鹽水倒入一口大鍋中熬煮，直到得到鹽的結晶體。或者把濃鹽水直接放置在炎炎烈日下曝曬結晶。

5 人們用木刮板將結晶鹽推到鹽池邊上，並用小車採集這些鹽。

6 鹽田邊上堆積著像小山一樣採集好的鹽，等待被運往全國各地。

現代化的海水製鹽

現在，人們吃的海鹽通常是用一種叫作“離子交換膜法”的化學方法製取出來的。這種方法是先將海水蒸發為濃鹽水，然後在真空式蒸發罐裡熬煮，就可以得到食鹽了。

掃一掃，觀看有趣的影片。

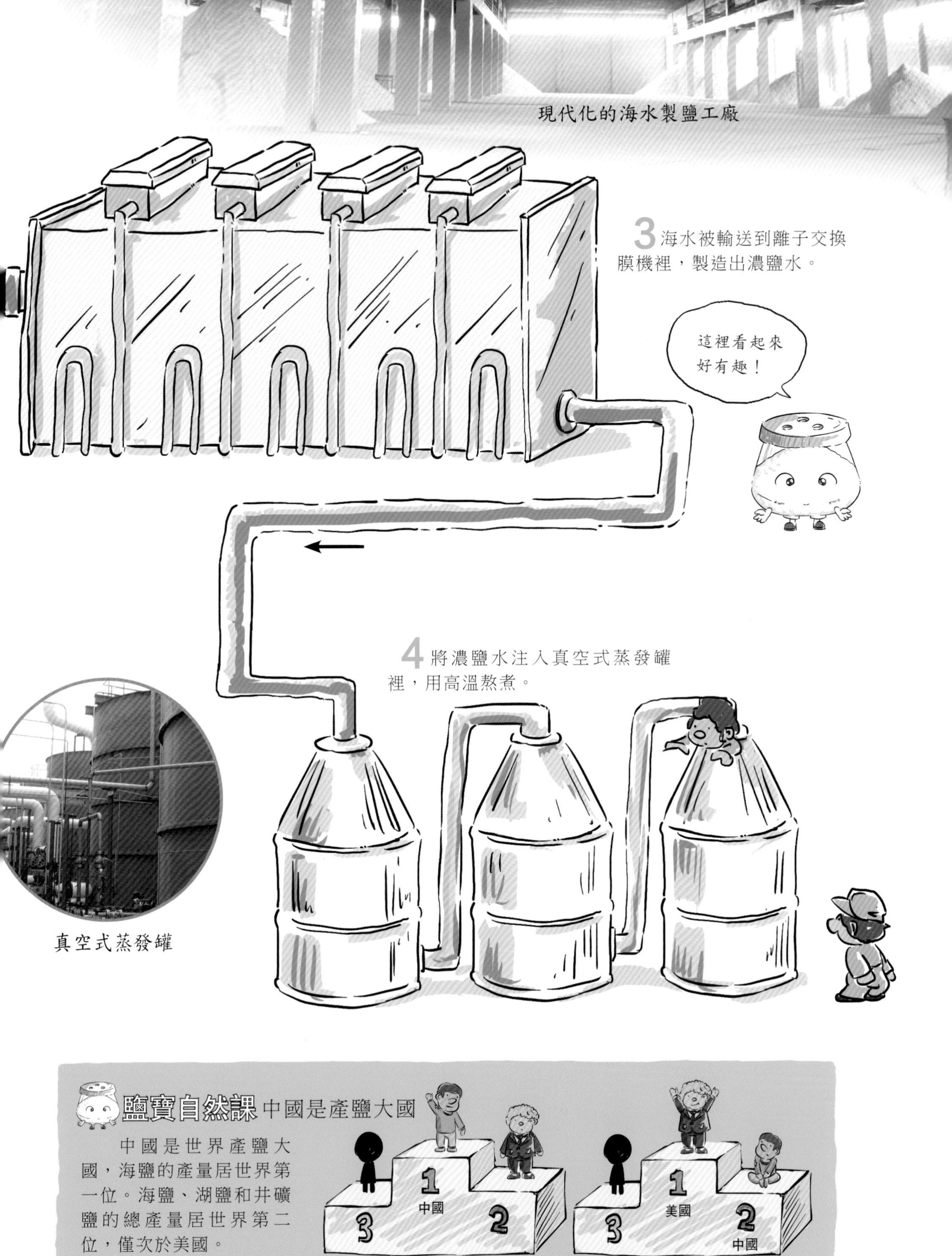

鹽寶自然課 中國是產鹽大國

中國是世界產鹽大國，海鹽的產量居世界第一位。海鹽、湖鹽和井礦鹽的總產量居世界第二位，僅次於美國。

5 離心分離機幫助去除濃鹽水中的苦汁，鹽就不會有苦澀的味道了。
6 最後一步是加熱乾燥，去除水分，加入碘，生產出雪白的食鹽。

7將食鹽分裝到小袋裡，等待出售。

鹽寶科學課 為什麼我們吃的鹽中要加碘？

這是因為人體缺碘會引起甲狀腺腫大，還會影響體格和大腦的發育，危害身體健康。中國一度是世界上缺碘最為嚴重的國家之一，而防治碘缺乏最適用、最經濟、最根本的辦法就是食鹽加碘，這也是世界公認的防治碘缺乏病的最好方法。中國於 1995 年推行食鹽加碘計劃，到如今已經 24 年了，碘缺乏症狀已經有了很大的改善。

礦鹽的現代製作

鹽礦石

2 將鹽塊運到礦井外，並再次粉碎成8公分左右的小塊。

1 將炸開的鹽礦石拋入“篩割機”裡，篩出小塊的礦石，大塊的則被送入粉碎機中粉碎成直徑約20公分的小塊。

3 第三次將鹽塊粉碎，將它變為直徑約 2.5 公分的小塊。之後，將鹽塊送入滾筒研磨機中，生產出多種用途的粗鹽。

4 如果想要製作精鹽，就需要將粗鹽繼續溶解在水中形成鹽水。

5 將鹽水引入蒸餾器中，用蒸汽將鹽水煮沸，形成一層厚厚的類似膏體的鹽糊。

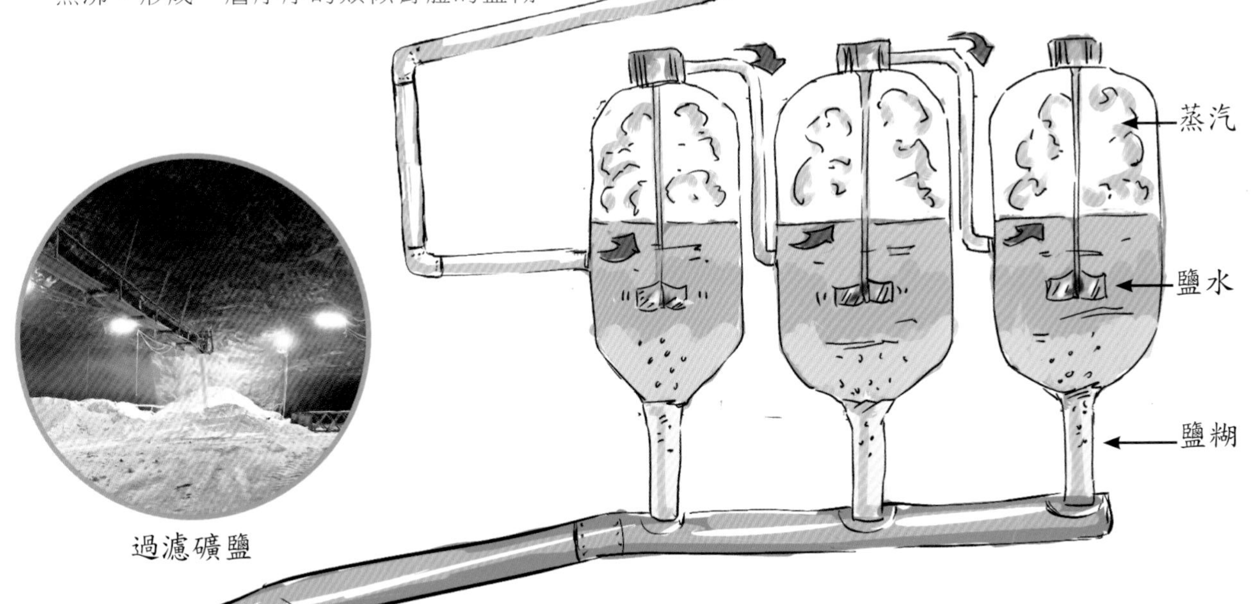

過濾礦鹽

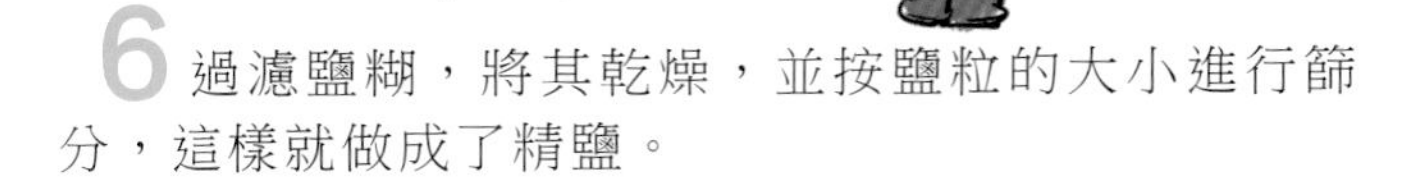

6 過濾鹽糊，將其乾燥，並按鹽粒的大小進行篩分，這樣就做成了精鹽。

7 精鹽中加入食用碘，製作成食用碘鹽。然後，鹽就可以包裝並運出廠了。

鹽在古代有多重要

比黃金還珍貴的鹽

國外有一句古老的諺語，形容特別優秀高貴的人“像鹽一樣珍貴”。這是因為在古代，鹽的產量不高，運輸不便，使鹽變得非常珍稀和昂貴，可謂貴如黃金的調味品。

鹽曾是貢品

早在夏朝，鹽就已經成為極珍貴的貢品，平民百姓根本沒有多少機會吃到結晶狀的鹽。在周朝，還有一種專門供給王室享用的鹽，味道鮮美，被稱為“君王鹽”。

鹽是身份的象徵

曾經，鹽是英國國王餐桌上一道珍貴的佳餚，用麵包蘸取鹽來食用。不僅如此，與國王一起進餐時，貴族們要按照他們的身份高低，決定座位離那碟鹽的遠近。當時，能夠把鹽放在餐桌上就是一種極大的奢侈。

比冰箱還好用的保鮮劑

古代沒有冰箱，食物要怎麼保存呢？聰明的人們發現，可以用鹽來防止食物腐爛，延長儲存期。於是，就有了各種各樣的醃製食物，一直流傳到今天。

醃製食物

能保千年不朽的防腐劑

在古代埃及，鹽不僅是調味品，而且被用作防腐劑。埃及人相信死去的人會去往另一個世界，但靈魂依然存在於身體裡，所以要保存好逝者的軀體。他們虔誠地將逝者的軀體洗淨，在撒滿鹽的床上放置 40 天，這樣身體裡的水分就會被鹽吸乾，肉身不容易腐爛。然後再用香料和特殊的藥水進行一系列的複雜處理，這才有了聞名世界的木乃伊。

鹽曾充當過貨幣

因為鹽可以延長食物的儲存期，這就意味著，人類可以攜帶大量的食物，踏上遠離家鄉的旅程，不僅解決了路途中自己吃飯的問題，而且還能交換和出售這些醃製的食物。又因為鹽便於保存和攜帶，而且任何人都需要它，所以在很多地區，鹽曾被當作物品交換時的貨幣使用。

鹽寶歷史課 鹽幣是怎樣製造的呢？

鹽幣的鑄造就像鑄造銀幣一樣，也是按一定比例分鑄成不同大小的塊。首先，把碎鹽溶化，倒進一個固定的模型裡，當水分蒸發後，鹽就重新結晶、凝固成塊狀。在鹽塊沒有完全變硬時，在它表面打上重量、製作單位、官方印記等，成為鹽幣，以便交易。

鹽曾是強國之本

鹽曾經有著如同現在的石油一樣的地位，所以，它曾是財富的代表。而鹽稅更曾占據著國家稅收的半壁江山，對統治者來說，掌握了鹽的開採、加工和流通，就等於掌握了國家的財政。直到今天，鹽在不同的國家依然存在著多多少少的壟斷情況。在中國，鹽屬於國家專營。

鹽寶歷史課 齊國因鹽而成為春秋霸主

春秋時期，管仲當上了齊國的上卿，官職相當於丞相。為抵禦外敵，管仲決定利用齊國暢銷的海鹽打一場貿易戰。他建立了食鹽專營製度，壟斷了國內海鹽的經營，並大幅度提高價格，出口至敵國，從中獲取了大量的財富。擁有雄厚財力的齊國，投入巨資擴軍備戰，不僅修建了用於封鎖河道的軍事長堤和齊長城（比秦長城早大約 400 年），而且對外大量徵兵。國力繁盛、軍事強大的齊國一躍成為春秋霸主。

因為鹽而引發的戰爭

正因為鹽在古代有著舉足輕重的地位，世界上許多民族或國家，為了鹽而發生了無數次戰爭。勝利者，因為控制了鹽資源而使國家富強；失敗者，因為鹽而受制於人，從而走向衰敗，甚至滅亡。從古至今，為鹽而戰不斷影響著人類歷史的進程。

中華第一戰

有史料記載，中國最早的戰爭就是華夏始祖黃帝、炎帝、蚩尤，為了爭奪山西運城地區的鹽池而發動的。黃帝先戰勝了炎帝，成為華夏眾部落的首領。後來黃帝又在涿鹿打敗了蚩尤，佔有並控制了鹽池，部族日益強大，被奉為中華始祖。

鹽影響戰爭結果

從拿破崙到喬治華盛頓，這些統帥都發現了一個“真理”：作戰時，沒有食鹽的一方一定會失敗。拿破崙遠征俄國，撤退時，成千上萬的法國軍人並非死於傷病，而是因為缺乏食鹽，不能製造和使用消毒劑而死去。醫療需要食鹽，士兵吃飯需要食鹽，騎兵的馬匹也需要食鹽。無獨有偶，1861 年爆發的美國南北戰爭，也是鹽決定了南方軍隊的命運。北方軍隊通過控制南方的鹽廠來削弱南方軍隊的力量。兩個月後，戰爭以北方軍隊勝利而結束。

鹽能為我們做什麼

人體不能缺少鹽

鹽是人類生存的必需品，就像水和空氣一樣，無法取代。

身體裡的鹽分

當你流淚或者出汗時，你發現過它們都是鹹的嗎？哈哈，那就是因為有我的緣故喔。實際上，人類的身體裡充滿了鹽分，就含在人體中流動的各種液體裡。也因此，我們組成了你們身體內的“海洋”。

一個體重 35 公斤的小朋友身體內含有 70~120 克鹽。

不可替代的鹽分

可不要小看我的作用喔，因為只有我才可以調節人體內水分的均衡分佈，從而維持體液平衡。否則，你的健康會亮起紅燈喔。如果沒有我，人們的神經系統就無法正常運轉，肌肉無法正常伸縮，消化系統也會壞掉。甚至還會影響到心臟和大腦的功能呢。

當然，人體內還有一種物質必不可少，那就是水，它是我工作的好夥伴。

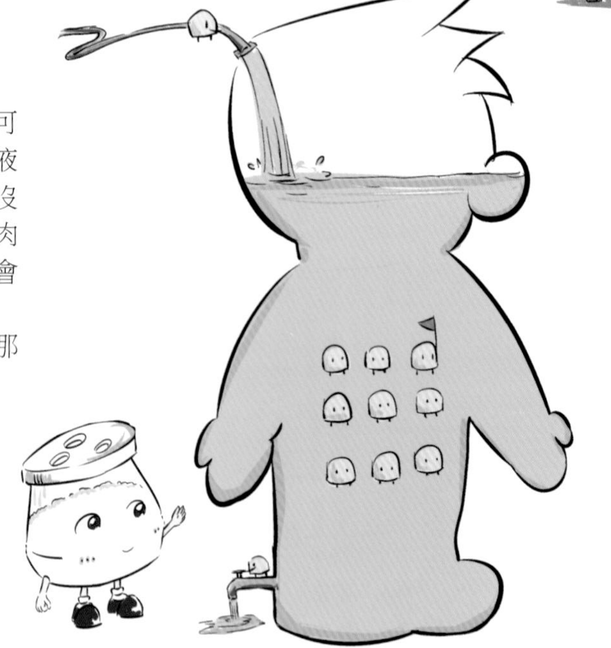

鹽寶生活課

世界衛生組織曾經推出了食鹽攝入量的國際標準：每天 5~6 克（身體需要的最低限度：每天 2 克）。

鹽在人體中的旅行

每一天，我和小夥伴都要在你們的身體裡進行一次長途旅行。首先，我們在你們的胃裡集合整頓，然後出發去小腸。這裡的天地特別廣闊，我們可以自由自在地盡情遊玩，但這裡可不是目的地喔。

我們的旅行路線大致分為兩條：一條是血液循環，大隊人馬是沿著這條路行走的；另一條是淋巴循環，有極少數人在這條路上前進。活躍分子會周遊全身，這樣就可以幫助你們的身體正常運轉。懶惰分子則會暫時落戶，沈積在骨骼中，成為你們骨骼的主要成分。

周遊全身之後，我們的旅行即將結束，一部分鹽會被人體再吸收，大部分則必須離開。這項工作主要由腎來控制，每公升血液中會留下 7 克左右的鹽，多餘的會隨著尿液排出體外，或變成汗水，從皮膚排出。

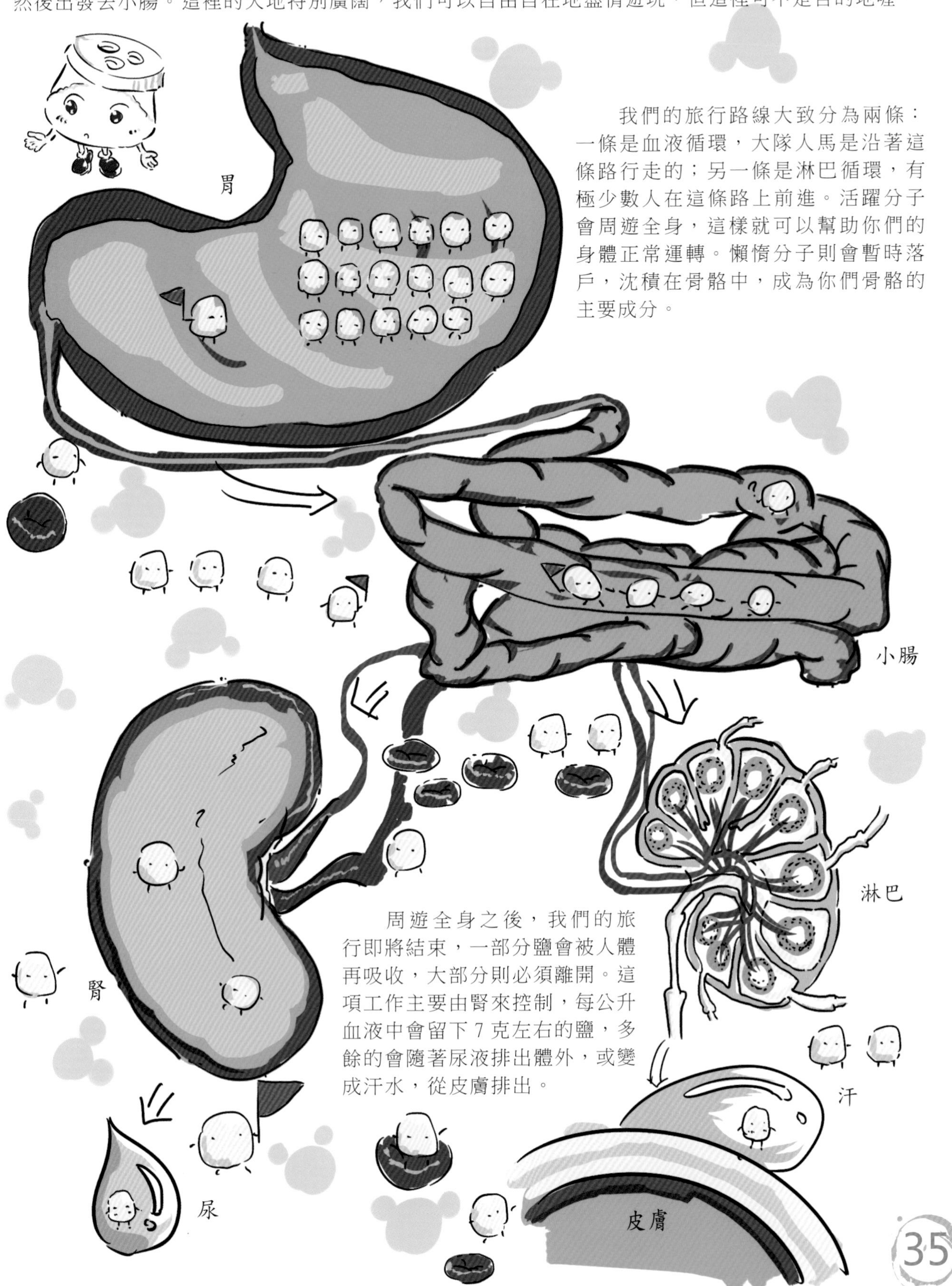

動物也需要鹽

不僅是人類，動物也都需要鹽來維持生命。

1 在肯尼亞，大象依靠取食山坡上富含鹽分的礦石、土壤來補充身體對鹽分的需求。

2 猴子們經常在身上互相抓撓，就是為了尋找毛髮裡汗水蒸發後的鹽粒吃。

鹽寶生活課 鹽太多也會威脅生命嗎？

當然！雖然鹽是生命必不可少的物質，但是，過量的鹽分也會變成致命的毒藥。因為過量的鹽分會導致身體脫水，甚至引發高血壓、腎病等多種疾病。所以，一定不要吃太多鹽喔。

3 為了保持母牛身體健康，牧人會在牛棚裡吊掛一塊鹽磚，讓母牛自行舔食。

4 鹿在缺少鹽時，常會舔食自己的尿液。

5 一些飛蛾或蜜蜂等小昆蟲，會吸取水牛、鹿、馬、豬或大象等哺乳動物的眼淚，以獲取其中的鹽分。當然是在這些動物睡著的時候。

鹽寶自然課 動物怎麼排出身體裡多餘的鹽分？

海裡的魚類通過尿液將體內多餘的鹽分排出；海龜通過眼淚把體內多餘的鹽分排出；鱷魚通過舌頭上的舌腺將體內多餘的鹽分排出；海鳥通過鼻孔裡的分泌腺把體內多餘的鹽分排出。

活在鹽的世界

隨著科學的進步，鹽已經不單單是一種調味品，它在工業上有著更為廣泛的用途。可以說，人類每天的生活都少不了鹽及含有鹽的產品！

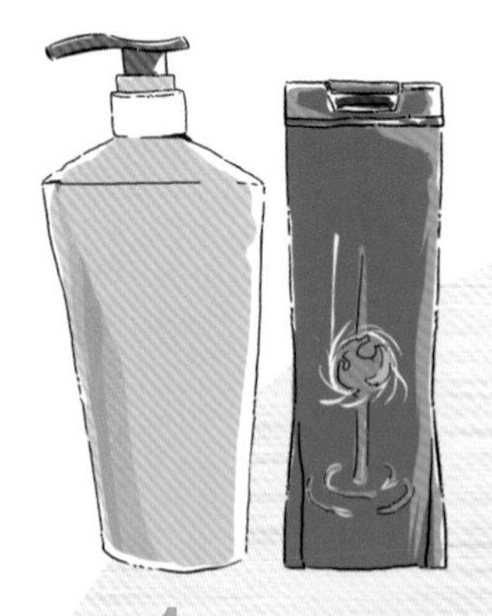

1 洗髮精和沐浴乳裡都含有鹽喔。

我不僅可以讓食物變得更美味，而且還會變魔術喔，我常常以各種不同的面目出現。其實，我無時無刻不和你們在一起，只是因為造型不同，沒有被你們認出來而已。

2 牙膏裡也有鹽。鹽有助於牙齒變得潔白。

3 肥皂裡也有鹽。人們從鹽中提取蘇打，成為肥皂的重要原料。因為蘇打產量巨大，所以肥皂才會如此便宜。

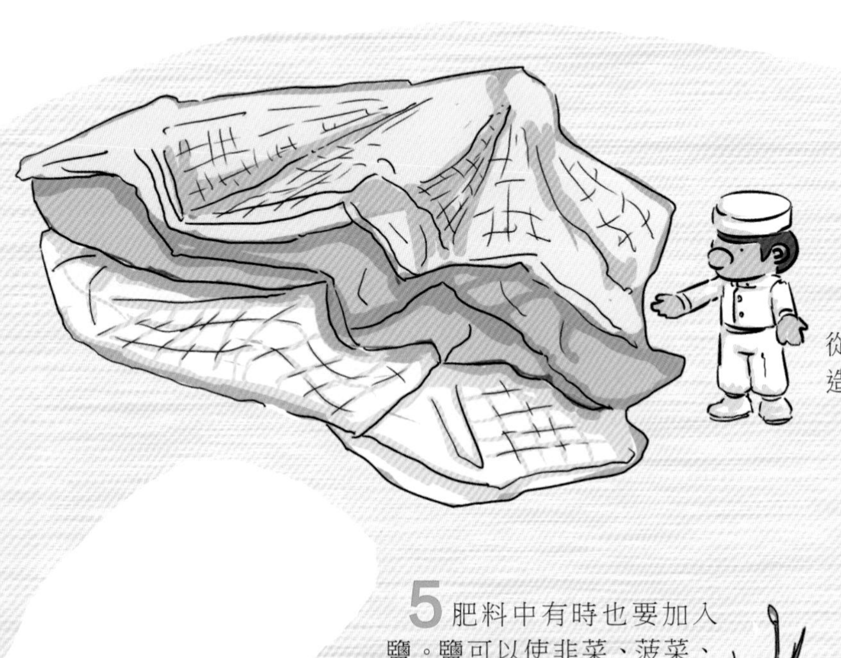

4 布料裡也藏著鹽喔。從鹽中提取的蘇打可以製造布料的纖維。

5 肥料中有時也要加入鹽。鹽可以使韭菜、菠菜、蔥等植物生長得更好。

6 製造紙時，需要往紙漿裡加入硫酸鈉和蘇打，它們可都是從鹽中提取出來的。

7 玻璃裡也有鹽喔。製造玻璃的主要成分之一──碳酸鈉，就是從鹽裡面分解出來的。

鹽寶科學課 小實驗：雞蛋浮起來了

生雞蛋放在水中是下沈還是浮起？恐怕大多數人都會選擇“下沈”。那麼，如何讓生雞蛋漂浮在水中呢？跟著鹽寶一起來做實驗吧。

鹽、玻璃杯、生雞蛋、清水。

1 取一個玻璃杯，盛上大半杯清水。

2 將一個生雞蛋放進杯中，觀察發現，此時的生雞蛋正慢慢地沈入杯底。

為什麼？

我們之所以能夠在地球上自如地行走，而不是像太空人一樣在太空中漂浮，那是因為地球對我們以及地球上所有的物體都有一種吸引力，這種吸引力又稱為重力。而同樣，液體和氣體對浸在其中的物體有豎直向上的托力，物理學中把這個托力叫作浮力。浸入液體中的物體，當重力小於浮力時就會上浮，而當重力大於浮力時就會下沈。

鹽水的浮力要比清水大，所以，生雞蛋會在鹽水中浮起來。這也是人們在海水裡游泳比在淡水湖裡游泳更輕鬆的原因！

鹽寶生活課　用鹽自製美麗彩虹瓶

跟著鹽寶學一學，如何用鹽來製作一個小巧又可愛的彩虹瓶吧！

準備材料：鹽、水彩筆、透明的玻璃瓶、調色盤。

1 將適量的鹽倒在調色盤裡。

3 如果鹽粒凝結在一塊兒，可以用木條將其打散。

2 選一種你喜歡的顏色的水彩筆戳鹽粒，讓鹽均勻地染上顏色。

4 輕輕地晃動調色盤，將上好色的鹽粒全部裝入玻璃瓶中。

5 接著，按照上面的步驟選用不同顏色的水彩筆，把鹽染成不同的顏色。

6 將各種顏色的鹽，按照你喜歡的順序一層一層地倒入瓶子中。

7 瓶子裝滿後，塞上軟木塞，一個可愛的彩虹瓶就做好啦。你還可以在瓶口繫上一個美麗的蝴蝶結，這樣就可以把它送給朋友當禮物啦。

小提示：

1. 不用擔心，只要不搖晃瓶子，顏色就不會混在一起。
2. 若想讓彩虹瓶更加浪漫，還可以將螢光液提前抹在瓶子裡，這樣到了晚上，彩虹瓶就可以發光了。

鹽寶旅行記

我和我的小夥伴曾經到世界各地去旅行，在旅途中遇到和聽說了很多有趣的故事……

驅邪祈福的鹽

古希臘人為了使古城不再貧瘠，士兵將鹽巴撒在古城的廢墟上，以驅邪祈福。

鹽酒店

在烏尤尼鹽湖，有一家由鹽製成的酒店 SALT HOTEL，酒店裡所有的東西都是由鹽塊做成的。酒店裡還陳列著用鹽結晶塊雕刻成的“埃及神像”。在這裡，鹽可以成為一切。

葬禮後撒鹽

在日本，鹽在葬禮儀式中有著特殊的用途。吊唁死者的賓客在葬禮結束時要領取一點兒鹽，撒在自己身上，以避免鬼上身。

婚禮上的祈福

在維吾爾族婚俗中，必不可少的一項儀式就是讓新郎和新娘各吃一小塊在鹽水裡蘸過的饟。他們把食鹽看得很神聖，認為這樣的儀式含有婚姻美滿幸福、白頭偕老的祝福之意。

鹽礦裡的遊樂場

在奧地利和德國邊境，一家擁有900年歷史的鹽礦，專門為遊客改建成一個神秘的地下遊樂場。地下鹽礦特別設計了兩個木質滑梯，坡度非常陡，大家尖叫著呼嘯而下，滑到鹽洞底部繼續探索神秘的鹽世界。

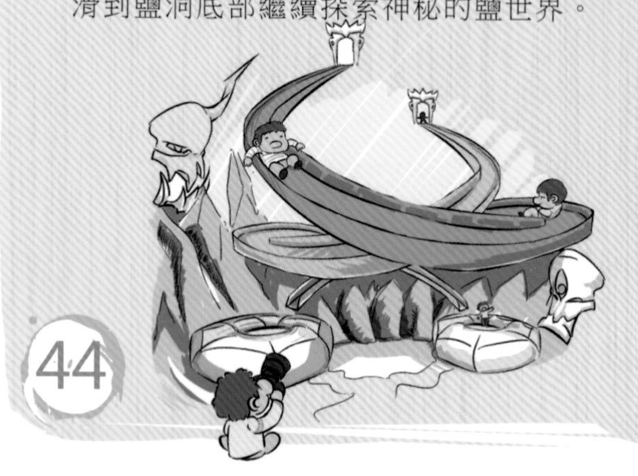

鹽雕的巨猩喬揚

想不到用鹽還可以雕塑吧？臺灣就曾舉辦過鹽雕藝術展，其中最大的一件雕塑作品用了200噸鹽，高7米，寬9米，是電影《巨猩喬揚》裡那隻個猩猩的雕塑，令人驚嘆。

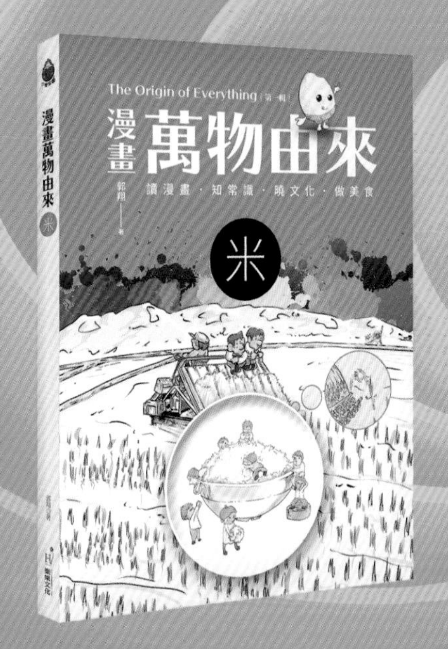

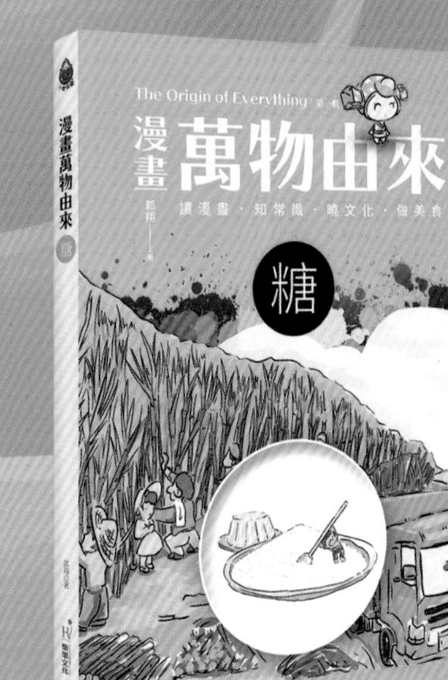

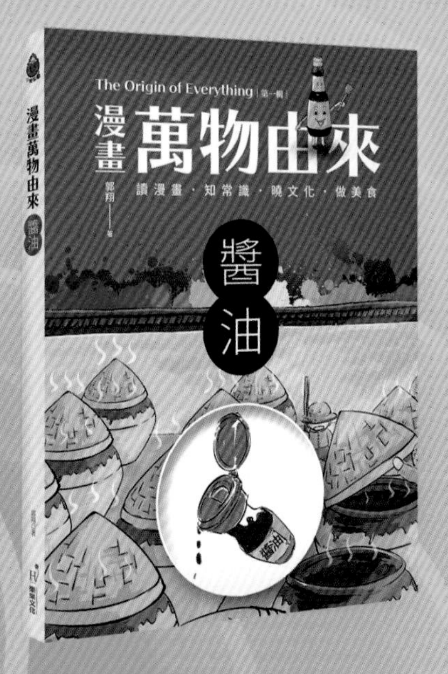

The Origin of Everything

漫畫萬物由來

讀漫畫・知常識・曉文化・做美食

小樂果 9

漫畫萬物由來：鹽

作　　　者／郭翔
總　編　輯／何南輝
責任編輯／李文君
美術編輯／郭磊
行銷企劃／黃文秀
封面設計／引子設計

出　　　版／樂果文化事業有限公司
讀者服務專線／（02）2795-3656
劃撥帳號／50118837 號 樂果文化事業有限公司
印　刷　廠／卡樂彩色製版印刷有限公司
總　經　銷／紅螞蟻圖書有限公司
地　　　址／台北市內湖區舊宗路二段121 巷19 號（紅螞蟻資訊大樓）
／電話：（02）2795-3656
／傳真：（02）2795-4100

2019 年 3 月第一版 定價／ 200 元 ISBN 978-986-96789-8-8
※ 本書如有缺頁、破損、裝訂錯誤，請寄回本公司調換。
版權所有，翻印必究 Printed in Taiwan.
中文繁體字版 ©《漫畫萬物由來（1）~（6）》，本書經九州出版社正式授權，同意經由台灣樂果文化事業有限公司，出版中文繁體字版本。非經書面同意，不得以任何形式任意重製、轉載。